SOMMARIO

Prefazione

Questa pubblicazione nasce dalla volontà di fornire al lettore elementi di principio e strumenti pratici sulla fusione nucleare per la produzione di energia di cui sempre più spesso si sente parlare sui media generalisti.

Il breve testo è dedicato principalmente alla fusione nucleare con i grandi laser. L'argomento è inserito nel contesto più ampio della fusione nucleare nelle stelle e della fusione per l'energia e fornisce una breve panoramica dei principali approcci seguiti dalla ricerca scientifica, primo fra tutti la fusione magnetica.

Salvo alcuni approfondimenti, preceduti da un avvertimento, il testo non richiede conoscenze specialistiche, anche se lo studente di scuola superiore e il lettore frequente di divulgazione scientifica troveranno la lettura più agevole.

Resta primario l'obiettivo di suscitare curiosità e stimolare l'approfondimento di un argomento di grande interesse per la collettività e che, ne siamo certi, attrarrà un numero crescente di giovani e brillanti studiosi.

INTRODUZIONE

Entro la fine di questo secolo, con il progressivo innalzamento della temperatura dell'atmosfera terrestre, i profili delle nostre coste potrebbero cambiare sensibilmente, lasciando sempre più spazio al mare che, innalzandosi di livello, invaderà le pianure e trasformerà il nostro habitat. Questo è lo scenario che gli studiosi del clima prevedono per il nostro pianeta se le emissioni di gas cosiddetti "serra" non diminuiranno drasticamente e se non riusciremo a contenere l'ulteriore innalzamento della temperatura.

Con l'avvio dei lavori di ogni conferenza mondiale sui cambiamenti climatici, torna prepotentemente alla ribalta il tema delle risorse energetiche e si discute su come ridurre l'utilizzo dei combustibili fossili, carbone, gas e petrolio, in favore di forme di energia senza emissione di gas serra. In queste circostanze è inevitabile tornare a chiedersi a che punto siano le ricerche sulle fonti di energia alternative e, in particolare, dell'energia da fusione alla quale si guarda da tempo come alla soluzione definitiva dei problemi energetici del nostro pianeta.

In effetti, dalla seconda metà del 20° secolo la comunità scientifica ha cominciato a promettere la fusione nucleare, l'energia delle stelle, come fonte di energia sicura e pulita. Ad oltre 60 anni di distanza quel traguardo non è stato ancora raggiunto.

Ciò nonostante, ad ogni progresso della ricerca, scandito da pubblicazioni sulle principali riviste scientifiche internazionali e da lanci di agenzie giornalistiche, l'attenzione dei media va, è proprio il caso di dire trattandosi di fusione, alle stelle. I dibattiti e le interviste ad esperti si susseguono, i titoli sui quotidiani, danno ampio spazio alle novità. Ultimi in ordine temporale tra questi passi avanti ricordiamo il cosiddetto "break-even scientifico[1]" ottenuto[2] alla National Ignition Facility (NIF) in California, dove si studia la fusione per confinamento inerziale, anche nota come fusione laser e, più recentemente, il nuovo record dichiarato dalla "Three alpha energy" nel tempo di attivazione prodotto dalla collisione di plasmi[3] e recentemente[4] proposto alla comunità scientifica dalla rivista Science. È perciò evidente quanto l'interesse verso la soluzione del problema energetico di medio e lungo termine sia ben radicato in tutti noi e richieda un'attenta e puntuale informazione.

Sole e serra

Il delicato equilibrio che esiste nella biosfera terrestre è protagonista ogni giorno di gran quantità di testi, immagini, numeri per cui non dedicheremo a questo argomento più di qualche considerazione, accompagnata da qualche dato rappresentativo.

---

[1] Pareggio tra l'energia *prodotta dalla fusione* e l'energia *assorbita*. Per la definizione generale vedi Pag.22
[2] O.A.Hurricane et al., Nature **506**, 343–348 (20 February 2014).
[3] N.Rostoker et al., Science, **278**, 1419 (1997)
[4] Science 2015, DOI: 10.1126/science.aad1664

Figura 1 Le fonti di energia tradizionali, basate su combustibili fossili, rilasciano i cosiddetti gas "serra" nell'atmosfera terrestre, alterandone e proprietà fisiche e chimiche (foto NASA).

Che il processo di riscaldamento globale stia subendo un'accelerazione che va oltre i valori spiegabili con i naturali cambiamenti climatici che da sempre modificano l'habitat terrestre è un fatto ormai consolidato dalla ricerca scientifica. L'effetto serra, alimentato da gas come l'anidride carbonica, il vapore acqueo, il biossido di azoto, è alla base di questo riscaldamento. Questi gas sono tra i sotto-prodotti più comuni dell'attività umana e, in particolare, della produzione di energia da combustibili fossili che sfruttano reazioni chimiche per la produzione di calore.

Alternativi a tutti i costi

Da qui la necessità di ricorrere a fonti di energia "alternative" basate su diversi principi fisici che hanno dato origine al fotovoltaico o all'eolico, per citare i più comuni, che negli ultimi anni sono cresciuti rapidamente. Parchi eolici e distese di pannelli solari sono ormai parte dell'ambiente che ci circonda e dimostrano il nostro bisogno di energia.
Nel frattempo la produzione di energia nucleare da fissione, prosegue con alterne vicende, inevitabilmente legate a incidenti

Figura 2 L'energia eolica e l'energia solare fotovoltaica e termica costituiscono le principali fonti di energia *rinnovabili* e *pulite*, ovvero prive di emission di gas serra (foto Wikipedia).

tra i quali quelli ben noti di Three Mile Island (1979), Černobyl' (1986), e Fukushima (2011), con la sempre maggiore consapevolezza della limitata disponibilità di combustibile, principalmente uranio, e dei costi esorbitanti legati alla sicurezza degli impianti, allo smaltimento dei rifiuti radioattivi e allo smantellamento degli impianti obsoleti. È chiaro tuttavia che l'esigenza strategica di garantirsi autonomia energetica, piuttosto che l'analisi dei costi, costituisce il motivo principale che spinge alcuni stati a dotarsi di centrali nucleari a fissione.

In effetti, la questione energetica ha sempre assunto un ruolo rilevante negli equilibri tra le aree d'influenza legate ai grandi esportatori di energia e ultimamente questo equilibrio sembra farsi più delicato. Non è un caso che da alcuni anni, ad esempio, l'Europa e l'Italia affrontano la stagione invernale con l'incertezza della continuità di approvvigionamento del gas proveniente, ad esempio, dalla Russia.

Soluzione: Fusione?

Per una soluzione sicura e di lungo termine in grado di sostituire definitivamente le attuali fonti fossili, ispirandosi alla produzione di energia nelle stelle, si guarda alla fusione nucleare. Tuttavia il traguardo della fusione nucleare in laboratorio rimane tuttora, dopo grandi sforzi planetari, un obiettivo ancora sfuggente. Passi avanti sono stati compiuti negli anni recenti con importanti avanzamenti della conoscenza e nuovi promettenti impianti sperimentali. La fusione magnetica, con il progetto ITER, International Thermonuclear Experimental Reactor, attualmente in costruzione a Cadarache, nel sud della Francia, mira alla realizzazione di un gigantesco impianto in grado di dimostrare per la prima volta, una produzione netta di energia da fusione.

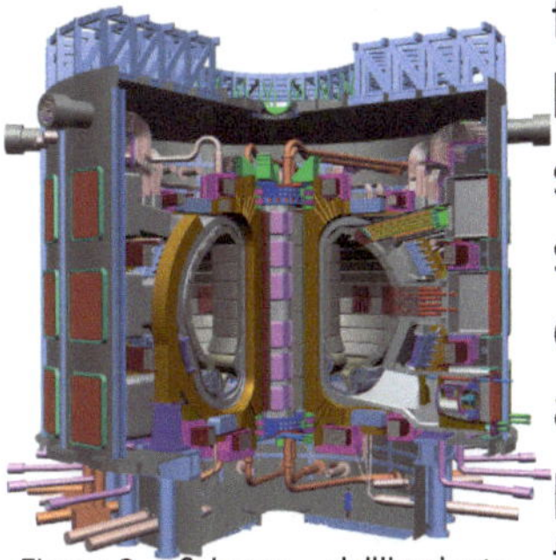

Figura 3 Schema dell'impianto ITER in costruzione a Cadarache per la fusione nucleare a confinamento magnetico (foto ITER).

Lo schema dell'impianto, basato sul "tokamak", la "macchina toroidale", sfrutta le conoscenze acquisite in decenni di ricerca con impianti sperimentali di dimensioni ridotte quali quello di Frascati (FTU) o quello di Culham, il Joint European Torus (JET). Analogamente, la fusione laser, ora in sperimentazione presso l'impianto NIF, la National Ignition Facility a Livermore in California (USA), si sviluppa oggi dopo decenni di studi presso laboratori di tutto il mondo e grazie ad importanti conquiste nella conoscenza dei processi fisici fondamentali. Oltre a questi grandi filoni di ricerca che hanno attratto ingenti finanziamenti pubblici, esistono altri approcci al controllo della fusione nucleare in laboratorio, tra i quali la cosiddetta macchina "Z", che, tra l'altro, costituisce la più potente sorgente di radiazione X mai realizzata in laboratorio. Altri schemi ancora più originali sono oggetto crescente di imprese industriali finanziate da investitori privati, come la già citata Three Alpha Energy o la General Fusion, solo per citarne due tra quelle apparse sui media recentemente.

La varietà di approcci alla fusione messi in atto dagli scienziati negli ultimi decenni testimonia quanto il raggiungimento del controllo del processo in laboratorio sia complesso e richieda strategie alternative.

Ma prima di addentrarci nei segreti della fusione nucleare in laboratorio e del suo possibile sfruttamento energetico, diamo un'occhiata alla fusione nelle stelle, l'unico ambiente dove questo fenomeno avviene naturalmente.

La fusione nelle stelle

La stella più vicina a noi è il Sole: 150 milioni di chilometri, solo 8 minuti alla velocità della luce. Cosa sappiamo delle sue caratteristiche principali? Grazie alle leggi fondamentali della fisica scoperte nei nostri laboratori e grazie alle osservazioni, sappiamo quanta massa lo compone, che dimensioni ha, che brilla da almeno 4,5 miliardi di anni e che la temperatura della superficie che vediamo (la fotosfera) è dell'ordine di 5500 °C. Sappiamo anche che il Sole è fatto quasi interamente di atomi di idrogeno (91,2%) con una piccola parte di elio (8,7%). In massa, l'idrogeno vale quasi tre quarti del totale mentre l'elio, che è più pesante, ne vale poco più di un quarto. Gli altri elementi chimici sono presenti solo in lievi, o lievissime, tracce.

Il Sole brilla con caratteristiche pressoché invariate da almeno 4,5 miliardi di anni —e cioè almeno da quando esiste il nostro pianeta— e quindi deve esserci un meccanismo che lo sostiene, perché gli atomi di cui è composto obbediscono alla legge di gravità e cadono verso il centro del Sole così come cadono i corpi sulla Terra. Ci aspetteremmo quindi che il Sole rimpicciolisse sempre più. Se questo non succede deve esserci una pressione che dall'interno spinge gli atomi verso l'esterno. L'unica pressione possibile è quella legata all'aumentare della temperatura del nucleo solare: un gas caldo, infatti, si espande. I fisici riassumono la situazione appena descritta affermando che il Sole è in "equilibrio idrostatico" grazie alla pressione termica che bilancia esattamente la forza di gravità. Ma la storia non è ancora finita: siccome il Sole è luminoso, vuol dire che della luce, cioè dell'energia, lo abbandona in continuazione. Ma se dell'energia lascia il Sole e d'altra parte deve anche sostenere il gas contro la forza di gravità, questo vuol dire che nel nucleo del Sole deve esserci una sorgente di energia che, ancora in parole da fisici, ne garantisce "l'equilibrio termico". L'unico modo che conosciamo per sostenere una palla di gas con le dimensioni, la massa e la temperatura fotosferica del Sole per miliardi di anni è la fusione nucleare.

Il carburante che alimenta la reazione di fusione è l'abbondante idrogeno disponibile all'interno del Sole. La fusione può verificarsi perché la temperatura al centro (nucleo) è altissima:

l'abbiamo calcolata in circa 15 milioni di gradi °C (non è un calcolo difficile, basta usare esplicitamente i numeri nell'espressione matematica che corrisponde all'affermazione che il Sole è in equilibrio idrodinamico e termodinamico). Questa sorgente di energia è proprio quella che cerchiamo di riprodurre nei nostri laboratori mantenendola sotto controllo per poterla utilizzare in modo pacifico. A usarla in modo incontrollato (esplosivo) per scopi bellici ci siamo già riusciti, ahimè. Nel Sole a tenerla sotto controllo ci pensa la forza di gravità con un meccanismo che, semplificando, funziona così. Immaginiamo che si verifichi un "sussulto" nella produzione di energia nel nucleo del Sole.

Figura 4. Una protuberanza solare sulla superficie del sole registrata dall'osservatorio solare satellitare SDO della Nasa (foto Nasa).

L'aumento di produzione di energia provoca un aumento della temperatura e un'espansione del gas. In pratica il Sole si dilata un po', ma così facendo si raffredda. Fin tanto che c'è energia in eccesso continua a espandersi e a raffreddarsi. A un certo punto la temperatura scende abbastanza da permettere agli atomi di ricadere verso il centro, non più sostenuti dalla pressione verso l'esterno dovuta alla temperatura. La caduta degli atomi verso il centro provoca una loro compressione e riscaldamento. L'aumento della temperatura del nucleo costringe la reazione di fusione a bruciare più rapidamente idrogeno e quindi a produrre più energia. Con questo aumento della produzione di energia il Sole si oppone alla caduta del gas riscaldandolo e sospingendolo nuovamente verso l'esterno, fino a occupare nuovamente la sua posizione di equilibrio.

Fino a poco tempo fa la fusione dell'idrogeno come sorgente di energia del Sole era ancora un'ipotesi teorica "per esclusione", l'unica di cui fossimo a conoscenza. Non avevamo però una prova diretta che il meccanismo di fusione fosse davvero all'opera. Grazie ai recenti risultati (2014) dell'esperimento "Borexino" compiuto nelle profondità del Gran Sasso, ora sappiamo che gli astrofisici e i fisici nucleari avevano visto giusto. Questo esperimento ha infatti rilevato una particella subatomica particolare, il neutrino, proveniente dal Sole e con le caratteristiche giuste per essere uno dei prodotti collaterali che ci si aspetta vengano emessi nel corso della fusione dell'idrogeno. Ora possiamo ben dire che "vediamo" direttamente la fusione verificarsi al centro del Sole.

Siamo ora pronti per addentrarci nei segreti della fusione in laboratorio, ma prima proviamo a quantificare la scala del sistema energetico e l'impatto che la fusione potrebbe avere su questa scala.

Capitolo 1: Diamo i numeri

Devo la conquista della percezione delle "grandezze" ad un meraviglioso filmato dal titolo "Potenze del dieci", poi riproposto in uno splendido volume dall'omonimo titolo che, partendo da una scena familiare di un pic-nic all'aperto, esplora l'infinitamente grande e l'infinitamente piccolo per immagini, con ingrandimenti di "ordini di grandezza", per potenze di 10 (le potenze di 10 "contano gli zeri", per esempio $10^1=10$, $10^2=100$, $10^3=1000$, ecc. ecc.).

Con le potenze del dieci faremo i conti da qui in avanti per

comprendere l'entità del problema energia e il peso delle varie fonti di energia. Ma per fare questo dobbiamo introdurre una grandezza fisica, la *potenza*, ovvero *energia* per unità di tempo.

Figura 5 Copertina del libro "Potenze di dieci", una visione "classica" dell'universo, dall'infinitamente piccolo all'infinitamente grande

Partiamo da un dato: la potenza elettrica complessiva disponibile attualmente in Italia è pari a circa 50 GW, 50 miliardi di Watt, o $5x10^{10}$ W mentre l'energia totale prodotta è pari a circa 180.000 GWh($1.8x10^{14}$ Wh). In unità di misura del Sistema Internazionale che utilizzeremo nel seguito, ciò corrisponde a $6.5x10^{17}$ Joule. Il grafico della Figura 6 mostra l'andamento della produzione di energia elettrica in Italia dal 1950 ad oggi, divisa per tipo di fonte. Per inciso, è interessante notare il calo della produzione di energia in concomitanza con la crisi economica iniziata nel 2009 e tuttora in atto.

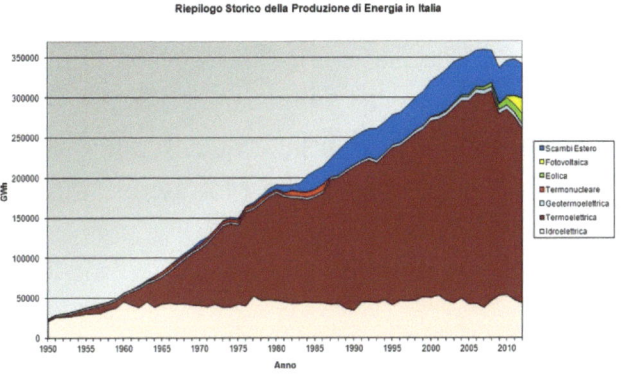

Figura 6. Riepilogo storico della produzione di energia in Italia dal 1950. Elaborazione da dati pubblicati da Terna (Wikipedia).

Come si vede dal grafico, la maggior parte dell'energia elettrica prodotta in Italia è di origine "termoelettrica", cioè prodotta con combustibili fossili. La natura "chimica" di questa produzione di energia, comporta la produzione di anidride carbonica, uno dei gas maggiormente responsabili dell'effetto serra nella nostra atmosfera.

Confrontiamo ora l'efficacia delle varie fonti di energia. A titolo di esempio, il gas metano ha un potere calorifico di circa 50 milioni di Joule per chilogrammo (MJ/kg) mentre l'idrogeno, il più calorifico tra tutti i combustibili, produce 143 MJ di energia per chilogrammo. Partendo da questo dato "caratteristico" di un combustibile chimico e considerando che le leggi della termodinamica impongono un limite alla conversione del calore in elettricità, stimabile nel 50%, arriviamo a calcolare la quantità minima di combustibile "chimico" necessario all'Italia per un anno che è pari a circa $3x10^{10}$ kg, ben 30 milioni di tonnellate.

Nel caso del petrolio vale la pena ricordare che una superpetroliera è in grado di trasportare fino a 300.000 tonnellate di petrolio grezzo e che quindi occorre l'equivalente di circa 100 superpetroliere all'anno per soddisfare il fabbisogno energetico della sola Italia. È facile a questo punto immaginare il traffico di migliaia di petroliere che riforniscono di combustibile l'intero pianeta.

Figura 7 La fusione è in principio una fonte di energia pulita, sicura e milioni di volte più efficiente dell'energia di origine chimica. Il potere calorifico di piccole quantità di combustibile nucleare da fusione equivale a quello del petrolio contenuto in una superpetroliera.

Per confronto, il potere calorifico della reazione di fusione nucleare deuterio-trizio che, come vedremo in seguito, è tra le reazioni attualmente allo studio, è pari a $3.37x10^8$ MJ/kg, oltre due milioni di volte maggiore di quello dell'idrogeno e circa 6 milioni di volte maggiore di quello del gas metano. In pratica poche decine di kg di miscela deuterio trizio potrebbero sostituire un'intera petroliera da 300.000 tonnellate. Se a questo aggiungiamo che i processi di fusione non emettono gas serra, comprendiamo facilmente che l'energia da fusione costituisce la fonte ideale di energia, virtualmente inesauribile e priva dei gravi effetti collaterali delle fonti di energia da combustibili fossili attualmente in uso.

Capitolo 2: Fusione vs. Fissione

In questo capitolo approfondiamo alcuni aspetti della fisica alla base della produzione di energia nucleare. Il lettore potrà tuttavia andare direttamente al capitolo successivo e tornare in seguito a questo capitolo se lo vorrà.

In generale, l'energia nucleare può essere liberata tramite reazioni di fissione o fusione. Nel caso della fissione, un nucleo "pesante" si rompe in nuclei più leggeri liberando energia sotto forma di energia cinetica delle particelle prodotte dalla reazione di fissione. Il contrario accade nel processo di fusione, quando nuclei "leggeri" si fondono a formare un nucleo più pesante liberando anche in questo caso particelle energetiche. Come anticipato, tra le reazioni di fusione più facili da produrre in laboratorio c'è la reazione che coinvolge due isotopi dell'idrogeno, il deuterio e il trizio, che "fondendosi" producono un nucleo di elio, liberando un neutrone.

Più in generale la *fusione* di nuclei leggeri come l'idrogeno o i suoi isotopi quali il deuterio o il trizio, produce nuclei più pesanti, quali l'elio, caratterizzati da una minore energia di legame. Al contrario, la fissione di nuclei pesanti quali l'uranio o il plutonio produce nuclei più leggeri e più stabili. In entrambi i casi questi processi liberano energia in grandi quantità attraverso una conversione di massa, come descritto dalla relazione di Albert Einstein:

$$E = m\, c^2,$$

dove con *E* indichiamo l'energia, con *m* la massa e con *c* la velocità della luce. Espressa nelle unità del sistema internazionale, la velocità della luce è pari a 300.000.000 m/s.

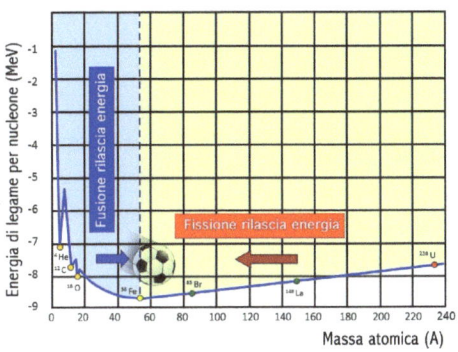

Figura 8. Grafico che illustra l'andamento dell'energia di legame che tiene uniti i nucleoni in funzione della massa atomica (numero di nucleoni). Ad una minore energia di legame corrisponde un nucleo più stabile. Il nucleo di ferro è il prodotto finale dei processi di nucleosintesi nelle stelle.

Consideriamo il caso del processo di fusione fondamentale delle stelle che da quattro nuclei di idrogeno, cioè quattro protoni, porta alla produzione di un nucleo di elio. Ebbene, in questa reazione, la massa finale del nucleo di elio è *minore* della somma della massa iniziale dei quattro protoni. È proprio questo *difetto* di massa che durante la reazione viene convertito in energia.

Proviamo a calcolare questa energia nel caso della fusione dell'idrogeno partendo dalla massa di un protone. È conveniente in questo contesto utilizzare l'unità di massa atomica (u.m.a.), definita come 1/12 della massa di un nucleo dell'isotopo 12 del carbonio e pari a 1,660 538 921 × 10^{-27} kg. In queste unità, la massa totale iniziale dei quattro protoni è pari a 4,0316 u.m.a., mentre la massa totale finale del nucleo di elio è pari a 4,0026 u.m.a.. Il difetto di massa, pari a 0,0290 u.m.a., equivale a 0,048155628709 × 10^{-27} kg, una quantità veramente piccola che, trasformata in energia secondo la relazione di Einstein, corrisponde a 4,334 × 10^{-12} Joule. Questa è la scala dell'energia elementare da fusione, ovvero, dell'energia prodotta dalla reazione di fusione che produce un singolo nucleo di elio.

Per confronto, l'energia elementare prodotta da una reazione chimica di combustione, ovvero l'ossidazione di un combustibile, è dell'ordine di appena 10^{-19} Joule, ben 10 milioni di volte inferiore a quella della fusione.

Come risulta chiaro dal processo appena descritto, la fusione nucleare non produce gas "serra", così come la fissione. Al contrario della fissione invece, la fusione non comporta la produzione massiccia di scorie radioattive che richiedano poi tempi geologici di stoccaggio in depositi a prova di terremoti. Inoltre, un ipotetico impianto a fusione è intrinsecamente sicuro rispetto al rischio catastrofico di fusione del nocciolo che affligge gli impianti a fissione nucleare e che è stato a sfiorato nei principali disastri nucleari come quello di Černobyl o quello di Fukushima. A questi vantaggi si unisce quello che il combustibile primario è in buona parte largamente disponibile. Il deuterio, ad esempio, abbonda nell'acqua di mare mentre il trizio può essere ottenuto come sottoprodotto negli stessi impianti di fusione.

Capitolo 3: Fusione e Plasma

Ma veniamo alle dolenti note! Il processo elementare di fusione nucleare richiede che i nuclei si avvicinino tanto da risentire dell'attrazione della forza nucleare "forte" che fa attrarre i nuclei tra loro e che tiene insieme protoni e neutroni in un nucleo atomico. Questa forza attrattiva si esercita solo a distanze molto brevi. Tuttavia, trattandosi di particelle cariche positiva-mente per la presenza di protoni, i nuclei risentono

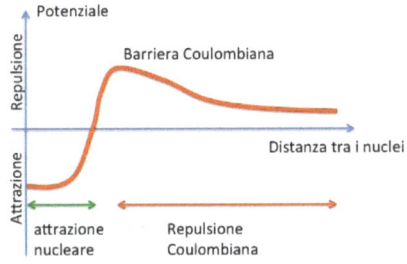

Figura 9 Nella fusione nucleare, la repulsione coulombiana tra cariche dello stesso segno costituisce una "barriera" che impedisce ai nuclei di "fondersi" spontaneamente. Per superare la barriera, I nuclei devono urtarsi con forte velocità.

anche della repulsione Coulombiana che tende a farli respingere. Questo meccanismo è illustrato nella Figura 9 che sintetizza le caratteristiche di attrazione e repulsione in funzione della distanza tra i nuclei. Se però le particelle hanno velocità sufficientemente alte, urtandosi riusciranno a vincere la repulsione coulombiana e ad avvicinarsi al punto da risentire della forza nucleare e dare luogo al processo di fusione.

Da un punto di vista macroscopico, questa condizione di alta velocità si realizza in un *plasma* ad altissima temperatura, dove gli atomi sono

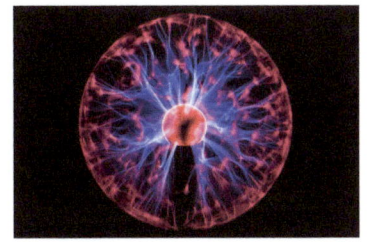

Figura 10. Il plasma rappresenta lo stato della materia di gran lunga più comune nell'universo.

ionizzati, cioè hanno perso i loro elettroni e, sotto opportune condizioni di densità (numero di particelle per unità di volume), urtano frequentemente tra loro.

Il plasma è lo stato della materia notevolmente più comune nell'universo, dove la materia si trova spesso in condizioni di alta pressione e temperatura, come nelle stelle. Sulla Terra lo troviamo ad esempio nella cosiddetta sfera al plasma rappresentata in Figura 10, con la quale possiamo direttamente sperimentare molte delle caratteristiche di un plasma, come ad esempio le proprietà di emissione di luce che ritroviamo anche in oggetti molto comuni come le lampade al neon. In realtà con il termine plasma ci riferiamo a condizioni molto diverse di densità e temperatura, come mostrato nello schema della Figura 10.

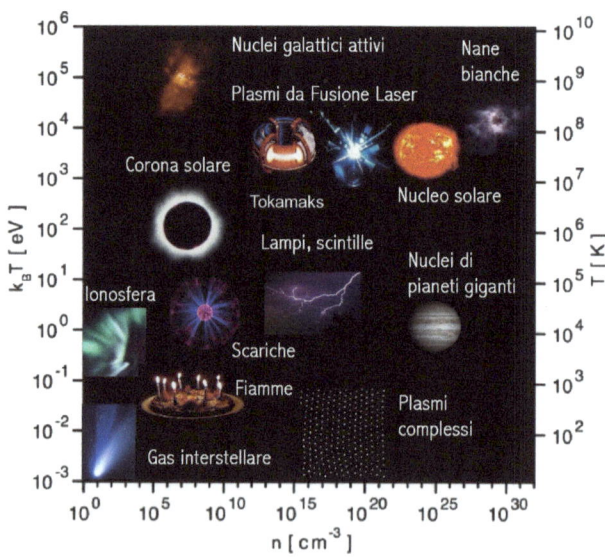

Figura 10. Il plasma costituisce lo stato più comune della materia nell'universo. I vari tipi di plasma differiscono per la temperatura e la densità, dai plasmi molto tenui e freddi delle aurore boreali a quelli dell'interno delle stelle (grafico tratto da szfki.hu).

La complessità di un reattore a fusione sta proprio nel creare plasmi con densità (n) e temperature (T) tanto alte da garantire il processo di fusione per un tempo (t) sufficientemente lungo da produrre energia di interesse pratico. Questa condizione è più stringente del cosiddetto break-even, ovvero il pareggio tra l'energia prodotta dalla fusione e l'energia spesa per ottenerla, che costituisce il primo traguardo utile nella dimostrazione di uno schema di fusione per l'energia. Infatti, l'interesse pratico di un reattore risiede nella possibilità di produrre una quantità di energia in eccesso significativo rispetto a quella necessaria ad alimentare il reattore stesso. Storicamente, questa condizione è espressa dal cosiddetto criterio di Lawson, $n\,T\,t > 1.2 \times 10^{21}$ m^{-3} keV s, che indica il valore minimo del prodotto di queste tre grandezze caratteristiche perché un reattore a fusione possa funzionare. In pratica, un reattore a fusione richiede alta temperatura, alta densità di particelle e un lungo tempo di confinamento. Ad esempio, nel caso della fusione laser, il tempo di confinamento inerziale è molto breve (decine di ns) rispetto al tempo di confinamento della fusione magnetica (decine di secondi). Il criterio di Lawson richiederà pertanto una densità di $>10^{23}$ particelle/cm^3, circa un miliardo di volte maggiore di quella usata nella fusione magnetica.

Ad oggi, negli esperimenti di fusione nucleare effettuati finora in laboratorio, l'energia emessa dal plasma di fusione è sempre stata inferiore all'energia spesa per produrre e riscaldare il plasma.

Capitolo 4: Geometrie della fusione in laboratorio

Come abbiamo visto, la realizzazione della fusione nucleare in laboratorio è perseguita seguendo schemi differenti, ognuno basato su un differente principio fisico che possiamo convenientemente associare a una figura geometrica solida che rappresenta la forma del plasma nel quale avviene la reazione. Come già anticipato, lo schema della fusione magnetica, alla base dell'impianto ITER, utilizza un plasma a forma di ciambella, ovvero di TORO, o toroidale, da cui la parola Tokamak.

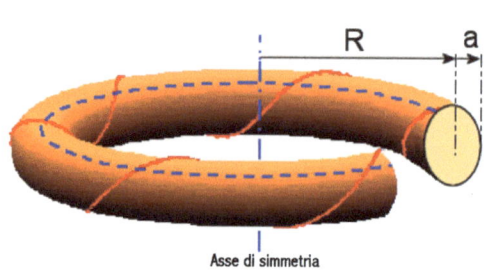

Asse di simmetria

Figura 11: Schema del plasma a "ciambella" utilizzato nell'esperimento ITER. In questo caso la figura geometrica solida utilizzata è quella del "toro". Fonte http://www-fusion-magnetique.cea.fr/gb/iter/iter02.htm

Sempre nel caso di ITER, la ciambella ha un raggio "maggiore" R = 6,21 m ed un raggio "minore" a = 2 metri (vedi Figura 11). Il plasma è racchiuso nella ciambella, riscaldato con fasci di radiofrequenza fino alle temperature di fusione e confinato attraverso intensi campi magnetici, secondo il principio della "bottiglia magnetica". Infatti, una carica elettrica in moto in un campo magnetico è soggetto a una forza, nota come forza di Lorentz, che costringe la carica elettrica a spiraleggiare intorno alle linee di forza del campo magnetico come mostrato in Figura 12. Da qui il concetto di "confinamento" che impedisce agli elettroni di sfuggire al campo magnetico. Per sfruttare questo principio, il tokamak è dotato di un campo magnetico intenso con una forma tale da contenere le cariche elettriche sia longitudinalmente che trasversalmente.

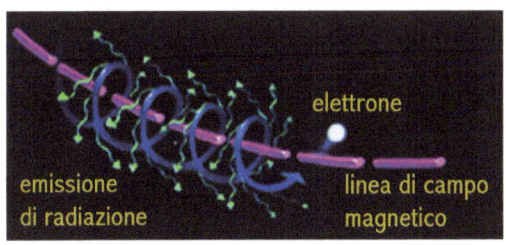 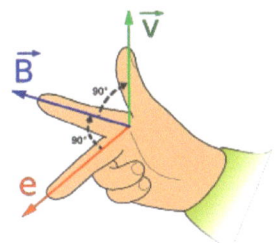

Figura 12 La bottiglia magnetica contiene gli elettroni di un plasma sottoposto ad un campo magnetico. Per effetto della forza di Lorentz, gli elettroni che si muovono nel campo magnetico, sentono una forza che li costringe a spiraleggiare intorno alle line di forza del campo magnetico, restando così "confinati".

Il CILINDRO è invece la figura geometrica di riferimento della cosiddetta macchina Z, o Z-*pinch*. In questo caso un filo, un cilindro appunto, viene percorso da una intensa scarica di corrente elettrica che scalda il materiale producendo un plasma caldo e denso. Al tempo stesso si genera un forte campo magnetico che provoca una compressione della colonna di plasma, il *pinch* appunto. Una particolarità di questa macchina è l'intensa emissioni di raggi X, tra le più potenti esistenti sulla terra.

La fusione laser utilizza invece la più simmetrica delle figure geometriche: la SFERA. Il combustibile nucleare di deuterio e trizio è contenuto in una pallina, un guscio sferico di plastica di dimensioni di pochi millimetri di diametro. Sulla pallina convergono numerosi fasci laser di alta potenza come mostrato in Figura 13, che riscaldano il guscio di plastica che vaporizza lanciando materia verso l'esterno. Per reazione, la parte interna del guscio contenente il combustibile nucleare, viene compressa riscaldandosi, fino a raggiungere, nel centro della sfera, le condizioni di fusione nucleare. A questo punto si ottiene la cosiddetta "ignizione" e la fusione si "accende".

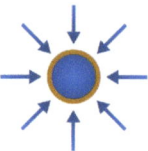

Figura 13 Schema di fusione inerziale per irraggiamento diretto. I fasci laser disposti simmetricamente intorno alla sfera vengono focalizzati in modo da irraggiare la superficie della sfera in modo uniforme.

Le particelle energetiche prodotte dalle reazioni di fusione si fanno strada verso l'esterno della sferetta, urtando con le particelle del materiale esterno più freddo, riscaldando le zone via via più esterne e facendo così propagare la fusione all'intera pallina che viene quindi "bruciata" liberando energia.

Come vedremo in dettaglio nel seguito, questo schema di fusione laser, detto di *irraggiamento diretto*, molto semplice concettualmente, è reso difficile dall'insorgere di processi non facilmente controllabili, che impediscono il raggiungimento della compressione perfetta. Ma facciamo un passo indietro e chiediamoci che tipo di luce laser occorre per questi studi e come questa luce laser intensa interagisce con la materia.

Capitolo 5: Principi della fusione laser

Con l'invenzione del laser[5] nel 1960 e successivamente, nel 1962, del laser ad impulsi giganti[6], fu subito chiaro che si aprivano enormi potenzialità per la generazione di materia densa e ad alta temperatura ideale per ottenere la fusione nucleare. I laser di potenza ben presto furono in grado di generare impulsi di luce della durata di pochi miliardesimi di secondo con potenze di decine o centinaia di GW. Se concentrati attraverso lenti sulla materia, questi impulsi producevano un rapido riscaldamento, mai osservato prima in laboratorio.

I primi esperimenti mostrarono risultati incoraggianti nei quali si generavano plasmi con temperature elevate, fino a milioni di gradi, e densità molto alte, non lontane dalla densità della materia solida. Questi studi stimolarono la costruzione dei primi impianti di fusione per confinamento inerziale come il laser GEKKO XII e il laser NOVA entrati in funzione rispettivamente presso l'Istitute for Laser Engineering dell'Università di Osaka nel 1983 e presso il Lawrence Livermore National Laboratory nel 1984. Presso questi impianti vennero quindi realizzati gli studi di compressione sferica del tipo illustrato sopra.

Tuttavia, gradualmente, ci si rese conto che la compressione della sfera nella fase finale era compromessa da deformazioni della simmetria sferica innescate dall'illuminazione non uniforme o da minime imperfezioni della superficie della sfera. Si scoprì che questi difetti crescevano sempre più durante la

---

[5] T. H. Maiman, *Stimulated optical radiation in ruby* in *Nature*, vol. 187, n° 4736, 1960, pp. 493–494
[6] McClung, F.J. and Hellwarth, R.W.: "Giant optical pulsations from ruby". *Journal of Applied Physics* **33** 3, 828-829 (1962)

compressione, impedendo il raggiungimento del punto di massima compressione sferica producendo grosse distorsioni come mostrato in Figura 14.

5.1. Le instabilità

Ci concediamo ora una occasione di approfondimento di questi fenomeni fisici, noti come instabilità, che costituiscono l'ostacolo principale al raggiungimento della fusione laser. Chi volesse, potrà saltare direttamente al paragrafo successivo e tornare magari in seguito a questo approfondimento.

Le instabilità idrodinamiche si sviluppano alla superficie di separazione tra due fluidi di diversa densità quando il fluido più denso accelera nella direzione del fluido meno denso.

Figura 14 Distorsione della simmetria sferica nella compressione della capsula dovuta a fenomeni di instabilità idrodinamiche. (Immagine ILE Rochester)

Questo fenomeno è facilmente osservabile disponendo uno strato di acqua colorata, quindi più densa, sulla superficie di acqua pura, meno densa. Inizialmente il liquido colorato è stabile. Poi, sotto l'azione della forza di gravità, scende verso il basso, formando insenature che si propagano all'interno dell'acqua come mostrato in Figura 15. Con il passare del tempo le insenature si approfondiscono fino a formare veri e propri filamenti.

Figura 15 Instabilità idrodinamiche in azione. L'acqua colorata, più densa dell'acqua pura, sotto l'azione della forza di gravità, accelera verso il basso creando insenature che crescono fino a produrre filamenti (Immagine James Riordon, AIP).

Oltre a mostrare gli effetti delle instabilità idrodinamiche, i primi esperimenti presentarono chiaramente l'effetto di altri fenomeni noti come *instabilità laser-plasma*, nelle quali l'alta intensità della radiazione laser stimolava la crescita di oscillazioni proprie del plasma. Sotto opportune condizioni d'intensità di irraggiamento si osservavano infatti onde di plasma di tipo elettronico o ionico, in grado di assorbire o riflettere frazioni importanti di energia laser. Nel caso delle onde ioniche, il plasma manifestava proprietà tipiche degli specchi, riflettendo parte della luce laser, riducendo così il riscaldamento della superficie della pallina.

Si scoprì poi che il processo era ulteriormente complicato dalla creazione di una popolazione di elettroni di alta energia, fino a decine o centinaia di milioni di gradi che, penetrando all'interno della sfera, riscaldavano prematuramente la miscela di deuterio-trizio, rendendone più ardua la già difficile compressione.

Un aspetto suggestivo di questi studi era l'osservazione della 'firma' di queste instabilità laser-plasma che consisteva nella diffusione di luce a colori corrispondenti ad armoniche intere e semi-intere del colore della luce laser incidente. In pratica si osservava che il plasma "rispondeva" alla sollecitazione esterna rinviando parte della luce ricevuta, ma codificata con la propria "firma" caratteristica. Questa firma, registrata con comuni spettrografi, resta tutt'ora una delle spie più significative della qualità di un evento di interazione tra luce laser intensa e plasma.

5.2. Fusione laser "diretta" o "indiretta"?

A valle di queste osservazioni sperimentali, il percorso della fusione laser si diramava in due filoni principali. Da una parte si cercava di controllare i fenomeni indesiderati, attraverso il miglioramento dell'uniformità d'irraggiamento e il perfezionamento della qualità della superficie della sfera. Si studiavano quindi molteplici meccanismi di omogeneizzazione della luce laser che risultavano efficaci nel limitare la crescita delle instabilità laser-plasma. Paradossalmente, questi meccanismi miravano a ridurre una delle proprietà caratteristiche della radiazione laser, la *coerenza*, che favoriva l'eccitazione e la crescita dei fenomeni collettivi nel plasma. Tuttavia, fu chiaro che questo schema di "irraggiamento diretto" avrebbe richiesto sforzi concettuali significativi, di medio-lungo termine.

Emergeva quindi lo schema di "irraggiamento indiretto", nel quale la luce laser era utilizzata per creare, all'interno di un forno, il cosiddetto "Hohlraum" (vedi Figura 16), radiazione X ad alta intensità in grado di illuminare e comprimere la sferetta in modo più uniforme di quanto visto con l'irraggiamento laser-diretto. Infatti, trattandosi di radiazione incoerente a corta lunghezza d'onda, la radiazione X aveva anche il vantaggio di essere sostanzialmente immune da fenomeni non lineari quali le instabilità laser-plasma che diminuiscono rapidamente al diminuire della lunghezza d'onda della luce utilizzata per l'irraggiamento.

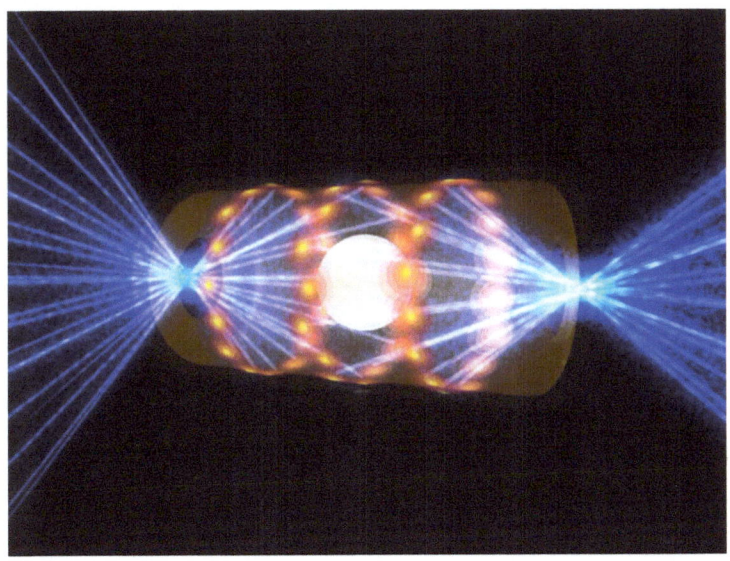

Figura 16 Schema di fusione inerziale per irraggiamento indiretto (Immagine LLNL, USA). In questo schema la sfera di combustibile nucleare è tenuta al centro di un forno cilindrico di materiale ad alto numero atomico. I fasci laser vengono focalizzati sulla superficie interna del forno producendo un'intensa emissione di radiazione X che, illuminando la sfera, ne provoca la compressione. Lo schema indiretto è impiegato presso la NIF(USA) e presso il LMJ (FR). (Immagine LLNL, USA)

Il grosso limite di questo approccio, oltre alla maggiore complessità per la presenza dell'Hohlraum, era la ridotta efficienza energetica complessiva, dovuta alla conversione della radiazione laser in radiazione X, che tipicamente ha una efficienza inferiore al 30%. Al fine di ottimizzare questa conversione e limitare ulteriormente le instabilità nella prima fase del processo, questo schema prevedeva poi di utilizzare radiazione laser blu, ottenuta dalla luce laser infrarossa attraverso un processo di moltiplicazione di frequenza, ottenibile con opportuni cristalli.

Oltre a queste innovazioni concettuali, i nuovi studi teorici mostravano chiaramente che per ottenere la compressione desiderata e l'auto-ignizione era necessario disporre di una energia laser ben superiore a quella disponibile negli anni '70 e '80. Questi ed altri requisiti portarono alla progettazione della National Ignition Facility presso il Lawrence Livermore National Laboratory in California (USA) e più recentemente, alla sua costruzione e inaugurazione nel 2011.

Gli esperimenti di compressione effettuati presso la NIF continuano tuttora e dopo un primo round terminato senza raggiungere i risultati attesi, un primo incoraggiante, parziale successo, veniva annunciato nell'aprile 2014 come "scientific break-even". Definizione enfatica a parte, il risultato mostrava che l'energia emessa sotto forma di prodotti della reazione di fusione, neutroni e particelle alfa, per la prima volta nella storia della fusione laser, era superiore all'energia *assorbita* dal plasma per la compressione.

Il passo da compiere per arrivare a produrre energia di fusione in quantità superiore di quella *fornita* dal laser, il cosiddetto *break-even*, appare ancora come un traguardo lontano e gli sforzi in questa direzione continuano senza sosta.

5.3: Schemi di ignizione avanzata

Nel frattempo gli studiosi continuano a concepire nuovi metodi per ovviare alle difficoltà dello schema di irraggiamento diretto. La Figura 18 mostra schematicamente due tra i principali metodi oggi allo studio. In entrambi i casi, l'idea è di comprimere solo parzialmente la sferetta e di utilizzare una fonte di energia esterna che porti ad un ulteriore riscaldamento del centro della sfera sufficiente ad innescare le reazioni di fusione. Nel caso dell'ignizione "veloce" la fonte di energia esterna è costituita, ad esempio, da un impulso laser ultraintenso ed ultracorto. L'ignizione di onda d'urto si basa invece sul riscaldamento prodotto dall'onda d'urto sferica quando questa converge nel centro della sfera. Quest'ultimo è considerato il più promettente per il programma di fusione Europeo denominato HIPER.

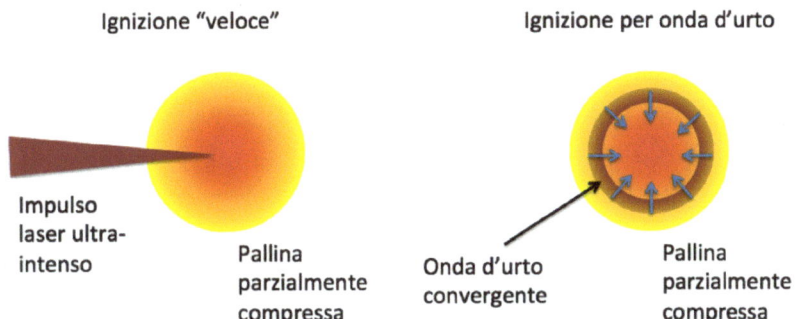

Figura 18 Schema dei due principali concetti di ignizione avanzata attualmente allo studio per superare le difficoltà riscontrate nella fusion laser diretta. L'ignizione veloce prevede l'utilizzo di un impulso laser di alta intensità sincronizzato con la fase di maggior compressione. L'altro metodo si basa su un'onda d'urto convergente, anch'essa sincronizzata in modo da raggiungere il centro della sfera nel momento di massica compressione.

Per comprendere meglio questo importante passaggio dell'ignizione avanzata è utile considerare l'analogia con il motore a combustione interna delle nostre automobili. Il motore Diesel è concepito per comprimere la miscela di gasolio fino al punto di accensione spontanea, comprimendola fino a 20 volte e oltre rispetto al volume iniziale. Questo elevato fattore di compressione è all'origine della maggiore complessità del motore Diesel. La fusione laser attualmente in sperimentazione si basa appunto su questo principio e richiede un elevato fattore di compressione, pari ad oltre un migliaio di volte, affinchè si raggiungano le condizioni di auto-accensione o ignizione spontanea. Queste condizioni sono difficili da raggiungere in laboratorio e studiosi in tutto il mondo sono impegnati da decenni nel mettere a punto la migliore strategia.

Nel motore a benzina invece, la miscela di aria e benzina viene compressa relativamente poco, meno della metà rispetto ad un motore Diesel. In questo caso l'accensione della miscela non è spontanea, ma avviene per mezzo di una scintilla generata da una candela che provvede all'innesco della reazione nel combustibile compresso. È questo il caso della fusione laser con l'ignizione avanzata nella quale il combustibile viene compresso solo parzialmente e, grazie ad un sistema di accensione esterno, si prevede di ottenerne l'ignizione con un notevole risparmio di energia laser per la compressione e quindi una maggiore efficienza energetica complessiva.

Capitolo 6: I grandi laser per la fusione

Le ricerche teorica e computazionale e la sperimentazione degli anni '80 e '90 hanno dettato le specifiche degli attuali laser per la fusione inerziale. Questi laser si basano sulla consolidata tecnologia dei laser al Neodimio e producono impulsi di luce distribuiti simmetricamente intorno alla pallina-bersaglio in un elevato numero di fasci perfettamente sincronizzati

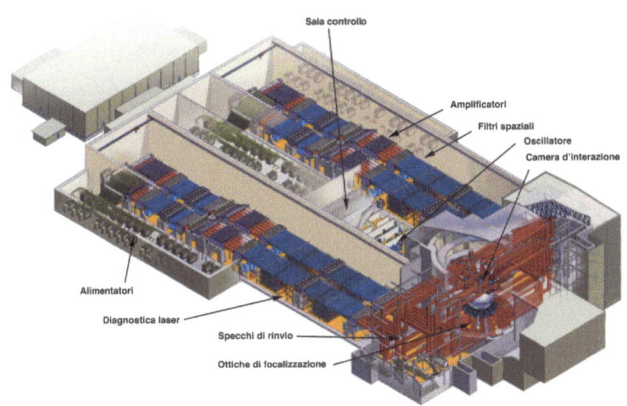

Figura 19. Schema della National Ignition Facility. In evidenza le principali component del sistema laser e la camera da vuoto di 10 metri di diametro utilizzata per gli esperimenti di fusione. I 192 fasci laser vengono combinati in 48 gruppi da 4 e focalizzati all'interno della cavità contenente la pallina di deuterio-trizio (foto http://www.hiper-laser.org).

Tra i laser per la fusione attualmente disponibili, l'impianto NIF è certamente il più avanzato, con i suoi 192 fasci e un'energia complessiva di circa di circa 2 MJ, in impulsi della durata di circa dieci ns e potenza di picco complessiva di circa 500 TW. Su simili specifiche è stato concepito anche il Laser MegaJoule (LMJ) di Bordeaux la cui entrata in funzione è prevista entro il 2020.

Uno schema dell'impianto NIF è mostrato in Figura 19, dove sono indicate le principali componenti del sistema laser e la camera da vuoto al centro della quale, racchiusa nell'Hohlraum, si trova la pallina contenente la miscela di deuterio-trizio. I 192 fasci laser, raggruppati in gruppi di 4, vengono quindi focalizzati sulla superficie interna dell'Hohlraum come indicato nella Figura 16. La luce ha una lunghezza d'onda pari a 355 nm, ottenuta per conversione della lunghezza d'onda fondamentale emessa dal laser al Neodimio, pari a 1064 nm. La lunghezza d'onda così convertita è sufficientemente corta da consentire alla luce di penetrare in profondità nel plasma e limitare gli indesiderati effetti non-lineari.

Ogni esperimento condotto in un impianto come la NIF prevede l'utilizzo delle cosiddette "diagnostiche", ovvero di apparati in grado di misurare le principali grandezze fisiche durante l'irraggiamento laser della pallina. Questi apparati sono disposti come tanti occhi ultrasensibili ed ultraveloci. Gli strumenti principali rivelano ad esempio i neutroni o le particelle α generate durante la compressione. Altri strumenti misurano la quantità di raggi X prodotti o la quantità di luce laser diffusa dal plasma. Le misure così ottenute vengono poi confrontate con quanto atteso da complessi calcoli e simulazioni numeriche.

Capitolo 7: Il futuro reattore a fusione laser

Una volta ottenuta definitivamente l'accensione della sfera, la fusione laser entrerà nella fase di realizzazione del prototipo di reattore. Non è difficile trovare già da tempo in letteratura lavori dedicati allo sviluppo concettuale di un reattore a fusione laser. In realtà il percorso per la realizzazione del primo prototipo di reattore a fusione laser richiederà la soluzione di complessi problemi tecnologici, primo tra tutti quello di riuscire ad accendere le palline ad un ritmo sufficiente a produrre la potenza media necessaria per alimentare un reattore.

7.1. Un ritmo sostenibile

Per stimare il ritmo necessario a generare una potenza di 1 GW di elettricità, ovvero la potenza di un tipica centrale elettrica, consideriamo che ad ogni ignizione si producano 100 MJ di energia di fusione e che questa venga convertita in calore e quindi in energia elettrica con una efficienza complessiva del 20%. Occorreranno quindi 50 ignizione al secondo per generare 1 GJ di energia al secondo e quindi una potenza elettrica di 1 GW. Allo stato attuale i sistemi laser di alta energia (es. NIF), consentono di ottenere al massimo fino a una decina di impulsi (shot) al giorno a causa di limitazioni imposte a monte dalla tecnologia laser con "pompaggio" a lampade flash. Questa tecnologia richiede infatti lunghi tempi d'attesa dovuti alla carica dei condensatori, processo del tutto analogo alla carica di un flash di una macchina fotografica. Inoltre ha una bassissima efficienza energetica che fa sì che solo una piccola parte dell'energia emessa dai flash sia effettivamente sfruttata dal laser, mentre il resto produce calore che dovrà essere disperso all'esterno dell'impianto.

La notizia incoraggiante è che i laser del futuro saranno dotati di nuove tecnologie in grado di assicurare l'elevato ritmo di operazione richiesto, con una efficienza di gran lunga più elevata di quella attuale. Si tratta dei Laser a Stato Solido con Pompaggio a Diodi che già oggi sono in grado di generare fino a 10 impulsi al secondo con energie per impulso fino a decine di Joule e oltre. I diodi laser infatti emettono radiazione laser con alta efficienza, superiore al 50% della potenza elettrica assorbita. Inoltre, questa radiazione può essere interamente assorbita dal mezzo attivo consentendo un pompaggio selettivo ad alta efficienza. Laser a stato solido basati sul pompaggio a diodi (DPSSL) sono ampiamente studiati e realizzati per applicazioni industriali e i risultati finora ottenuti sono estremamente promettenti, come dimostrato anche in Italia con la realizzazione di prototipi ad alte prestazioni[7].

7.2. Il giusto rivestimento

Un altro aspetto cruciale per un reattore a fusione, sia esso laser, magnetico o di altra concezione è la conversione dei prodotti delle reazioni di fusione in calore. Il plasma che brucia produce particelle alfa, neutroni e raggi X che escono dal plasma per raggiungere le pareti del contenitore che confinano il plasma stesso. Il reattore dovrà quindi essere in grado di "catturare" questa radiazione e convertirla in calore che sarà poi assorbito dal liquido scambiatore primario. Questo ruolo è svolto dalla parete che riveste l'interno del reattore (first wall) che dovrà

---

[7] M.Ciofini, A. Lapucci, "Compact scalable diode pumped Nd:YAG ceramic slab laser", Appl. Optics **43**, 6174 (2004).

quindi resistere nel tempo senza disintegrarsi sotto l'effetto continuo della radiazione. Materiali come la grafite sono già allo studio, ma nuovi materiali dovranno essere messi a punto per rispondere a questa necessità.

Capitolo 8: Uno sguardo al futuro

I laser ad alta efficienza e i materiali per le pareti del reattore sono due tra i principali aspetti attualmente oggetto di intenso studio e di approfondita sperimentazione. Gettando il cuore oltre l'ostacolo e assumendo di essere riusciti a trovare soluzioni praticabili a questi problemi, è possibile immaginare un reattore a fusione laser in tutte le sue parti e valutarne costi e benefici, come una qualsiasi impresa industriale di produzione di energia.

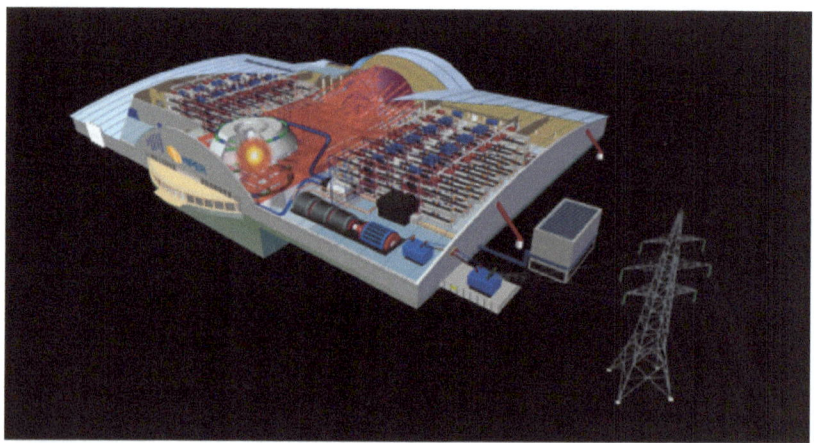

Figura 17. Schema concettuale del reattore a fusione laser realizzato nell'ambito del progetto Europeo HIPER.

Per quanto riguarda la fusione laser, il progetto europeo HIPER, alla fine di un quinquennio di studi, oltre ad approfondire alcuni aspetti fondamentali della fusione per confinamento inerziale, ha anche prodotto un progetto concettuale di reattore, completo di tutte le sue parti, come mostrato in Figura 17. Nello schema si distingue la camera del reattore, in grado di contenere il piccolo "sole" prodotto dalla fusione laser, nella quale convergono i

38

numerosi fasci laser disposti simmetricamente intorno alla pallina contenente la miscela di deuterio e trizio posta nel centro della camera. Dieci eventi al secondo assicurano una produzione di calore sufficiente ad alimentare le turbine e a produrre elettricità per autoalimentarsi e per produrre energia da immettere nella rete.

Conclusioni e prospettive

Come abbiamo visto in questo viaggio nella fusione laser, la ricerca scientifica è ora impegnata ad esplorare i tanti aspetti scientifici e tecnologici ancora irrisolti, così da rendere progetti come HiPER realizzabili e assicurare una soluzione di lungo termine alle crescenti richieste energetiche. Nel frattempo, importanti innovazioni in altri settori tecnologici stanno portando a un sempre più efficiente utilizzo delle risorse energetiche esistenti e alla crescente produzione di energia da fonti rinnovabili. Queste circostanze, unite alla perdurante crisi economica di alcuni tra i principali Paesi finanziatori della ricerca sulla fusione, difficilmente consentiranno, nel prossimo futuro, di investire nella fusione le risorse ritenute necessarie a dimostrare la produzione netta di energia. L'auspicio è che il superamento dell'attuale crisi economica e la rinnovata esigenza di energia pulita che questo inevitabilmente produrrà possa presto dare un'ulteriore e definitiva spinta propulsiva alla ricerca e alla produzione di energia da fusione nucleare, prima dei prossimi trent'anni.

Fonti per approfondimento

Il lettore potrà trovare ampia letteratura specialistica in lingua inglese disponibile gratuitamente in internet. In particolare si segnala il portale web del Lawrence Livermore National Laboratory (USA) dedicato alla fusione laser (http://lasers.llnl.gov). Per gli aspetti riguardanti la fisica dei laser e l'ottica, si rimanda al portale web dell'Istituto Nazionale di Ottica del CNR ed, in particolare, al sito del Laboratorio di Irraggiamento con Laser Intensi (http://ilil.ino.it).

Seguono riferimenti ad articoli divulgativi in lingua italiana e lingua inglese e a libri di testo di livello universitario.

➢ S.Atzeni, D. Batani, L.A. Gizzi *HiPER: un laser europeo per studi di fusione inerziale,* Il Nuovo Saggiatore, Società Italiana di Fisica, **23** (2007);
➢ S. Atzeni and J. Meyer-ter-Vehn, "The Physics of Inertial Fusion", Oxford University Press(2009);
➢ L. A. Gizzi, "I laser per la fusione nucleare e l'accelerazione di particelle", IL LASER Cinquant'anni d'idee luminose, a Cura di M. Inguscio, D. S. Wiesrma (2010);
➢ L. A. Gizzi, *Laser-Plasma Diagnostics*, International School of Physics «Enrico Fermi» Edited by F. Ferroni, A. Gizzi Leonida, R. Faccini (2012).
➢ Macchi, A Superintense Laser-Plasma Interaction Theory Primer, Springer, 2013.

A proposito di Leonida Antonio Gizzi

 Laureato in Fisica presso l'Università di Pisa nel 1989, Ph.D. in Fisica presso l'Imperial College di Londra nel 1994, approda al CNR di Pisa dove dirige il Laboratorio di Laser Intensi dell'Istituto Nazionale. di Ottica. Ha ricoperto incarichi di coordinamento in progetti nazionali ed internazionali ed è stato Chair della Commissione "Beam Plasma and Inertial Fusione" della European Physical Society. È autore di oltre 250 pubblicazioni su riviste internazionali dedicate allo studio sperimentale di nuove sorgenti di radiazione ed energia.

A proposito di Massimo Ramella

 Classe 1956, laureato in fisica con Margherita Hack, è astronomo associato all'Inaf (Istituto nazionale di astrofisica) presso l'osservatorio di Trieste. Dopo anni di ricerca sulla struttura a grande scala dell'universo, dal 2005 si occupa di didattica e divulgazione dell'astronomia. Attualmente è Chair dell'Interest Group on Education dell'IVOA (International Virtual Observatory Alliance).

www.ingramcontent.com/pod-product-compliance
Lightning Source LLC
Chambersburg PA
CBHW040930180526
45159CB00002BA/687